Le JARDIN DES PLANTES

AVEC CERF, RENARD, LOUTRE, JAGUAR, CHAMEAU.

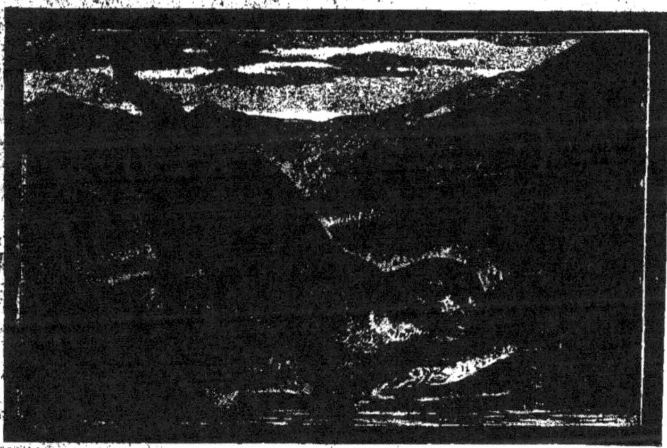

PARIS.

LIBRAIRIE HACHETTE & Cⁱᵉ· BOULEVARD SAINT GERMAIN, Nº 79.

LE JARDIN
DES PLANTES

TROISIÈME SÉRIE

LES HYÈNES — LE CERF ET LA BICHE — LE RENARD — LE JAGUAR
LA LOUTRE — LE CHAMEAU DE LA BACTRIANE

PAR

TH. LALLY

PARIS

LIBRAIRIE HACHETTE & C\[IE]

79, BOULEVARD SAINT-GERMAIN, 79

1875

LES HYÈNES

Il est peu d'animaux qui inspirent plus d'aversion à l'homme que les hideux représentants de la famille des hyènes.

Tenant à la fois du loup et du lynx, ces animaux féroces ont la tête grosse, le dos couvert d'une sorte de rude crinière, et la fourrure d'un brun jaunâtre, marquée selon les espèces de taches rondes ou de rayures. Leur aspect vraiment repoussant s'aggrave de ce fait que leurs jambes de derrière, beaucoup plus basses que celles de devant, rendent leur démarche traînante, saccadée et ridicule.

Enfin, ces vilains animaux sont lâches, fuient devant l'homme ou le chien le plus inoffensif, n'attaquent que les faibles et les blessés et se nourrissent plus habituellement de corps en putréfaction.

On leur reproche même, pour se procurer leur nourriture, de violer les sépultures.

Et cependant l'hyène mérite d'être classée au premier rang des animaux utiles, et malgré sa laideur, ses habitudes repoussantes, nous devons reconnaître en elle un précieux auxiliaire donné à l'homme par la Providence.

Les pays où vit l'hyène sont parmi les plus chauds de notre globe : l'Afrique, la Perse, l'Inde. Dans ces pays, les animaux qui

meurent sont laissés à l'abandon par les nonchalants habitants, et leurs corps entrant en putréfaction sous l'influence de la chaleur empesteraient l'atmosphère, si dans leur aveugle voracité les hyènes ne les faisaient aussitôt disparaître.

Malgré les services qu'elles rendent, les hyènes sont partout pourchassées et détruites. Les Arabes les ont surtout en horreur et estiment qu'une arme qui a touché une hyène est à jamais souillée. Lorsqu'ils veulent tuer un de ces animaux, ils s'approchent de sa tanière et, au moment où l'hyène fait mine de se jeter sur eux, ils lui jettent une poignée de poussière dans les yeux et, profitant de sa surprise, l'étranglent à demi avec leurs mains et l'achèvent à coups de bâton.

Il y a deux espèces principales d'hyènes : l'hyène tachetée et l'hyène rayée.

L'hyène rayée doit son nom aux bandes noires qui sillonnent transversalement son pelage d'un gris jaunâtre. Elle est de la taille d'un grand chien et habite le nord de l'Afrique et l'Asie.

L'hyène tachetée a le corps marqué de points noirs et souvent de cercles semblables à des yeux. On la trouve dans le pays des Cafres et aussi dans l'Inde. On dit que les habitants de la Cafrerie réussissent à l'apprivoiser et l'habituent à garder les troupeaux tout comme un chien.

LE CERF ET LA BICHE

Le cerf est certainement le plus bel animal qui peuple nos forêts d'Europe.

Grand comme un cheval, mais plus fin, plus léger, il porte majestueusement sa tête, que couronne deux bois aux courbes élégantes.

Sa femelle, la biche, est non moins jolie; plus petite que le mâle, elle a la tête complétement dépourvue de cornes.

Tous deux ont un pelage qui varie suivant les saisons : d'un brun fauve, presque rouge en été, il devient d'une nuance grisâtre en hiver.

Par une faculté curieuse propre à tous les animaux de cette famille, tels que le renne et l'élan, que vous connaissez déjà, le cerf change tous les ans les bois qui décorent son front. Tous les ans à une certaine époque, généralement au printemps, les bois tombent subitement. A voir ses superbes ramures, si hautes, si solides, il semble que plusieurs années devraient se succéder pour rendre à l'animal l'ornement qu'il vient de perdre; pas du tout, au bout de quelques semaines les cornes du cerf sont repoussées non-seulement telles qu'elles étaient auparavant, mais encore plus grandes, et chaque fois avec une branche de plus; de sorte que l'on peut calculer l'âge d'un cerf au nombre de branches qui garnissent ses bois.

Le cerf se nourrit d'herbe, et aussi des feuilles et des bour-

geons de certains arbres; en hiver, il se contente de mousses, de bruyères et même de lichens, ces petites végétations plates qui couvrent les rochers et le tronc des vieux arbres. Il est très-timide et fuit épouvanté au moindre bruit qui vient troubler le silence du bois.

La chasse au cerf est considérée comme la plus noble des chasses et, comme elle entraîne de grands frais et la possession de vastes forêts, elle a toujours été la prérogative des rois et des nobles.

Le cerf ayant été reconnu, on lance après lui une meute de chiens, et les chasseurs suivent montés sur des chevaux dressés à franchir tous les obstacles de la forêt. Notre cerf, confiant dans la vigueur de ses jarrets, court d'abord avec assurance, mais au bout de quelque temps ses forces s'épuisent, il a alors recours à toutes sortes de ruses pour dépister les chasseurs. Il lui arrive souvent d'accoster un jeune cerf de la forêt et de le forcer, en le battant, à partir à sa place, pendant que, caché dans un fourré, il laisse passer les chiens près de lui sans bouger. Cependant toutes ses ruses sont inutiles et ne font que retarder le moment de sa mort; les chiens, un instant égarés, reprennent sa trace, et la poursuite recommence. Enfin, après une course de plusieurs heures, le pauvre animal épuisé se rend. Il s'arrête, fait face aux chiens et essaye de les repousser à coups de cornes; mais, accablé par le nombre, il roule à terre, et l'un des chasseurs lui donne le coup de grâce. Son corps est alors emporté sur des brancards au château, où le soir, à la lueur des torches, il est livré aux chiens, qui le dévorent devant tous les invités réunis. C'est ce qu'on appelle la curée, triste fin pour un animal si beau et si inoffensif.

LE RENARD

Le renard est un animal de petite taille, de la même famille que le loup et le chien. Son corps, couvert d'un pelage très-abondant, roux sur le dos et les côtes, blanc sous le ventre, est allongé et porte une tête élégamment dessinée, terminée par un museau fin et noir, éclairée par deux yeux obliques pétillants d'astuce et de malice, et encadrée par deux oreilles courtes et pointues. Sa queue longue et touffue balaye le sol.

Le renard passe pour être le plus rusé des animaux; le bon la Fontaine, dans ses plus charmantes fables, l'a pris comme type de l'astuce et de la malice, et cela avec raison.

Le rusé compère, loin de fuir le voisinage de l'homme, vient toujours s'établir auprès d'un village, où il espère pouvoir exercer ses déprédations. Il ne prend pas la peine de se creuser une habitation; il entre dans un terrier de lapins, mange les malheureux animaux et s'y installe en propriétaire.

Le jour, il reste tapi dans sa demeure; le soir, il en sort et va surprendre dans les champs les lièvres et les perdrix, qu'il étrangle pendant leur sommeil. Il ne dédaigne pas non plus d'ajouter un dessert à son dîner, et, si les raisins sont mûrs, il va en croquer quelques grappes.

Mais ce qu'il préfère encore au gibier et aux douceurs, c'est une bonne et grasse volaille. Le chant du coq l'attire sûrement et le fait accourir de fort loin. Arrivé auprès du poulailler, il en fait le tour, et, profitant du moindre trou, il s'introduit dans la

place et étrangle les coqs, les poules, les canards; puis, si on lui laisse le temps, il transporte ses victimes une à une dans son terrier pour les manger à loisir.

Cet amour de la volaille est généralement funeste au renard, et les fermiers, qui n'aiment pas à se voir enlever ainsi leurs poules, lui font une guerre acharnée. Ils entourent de piéges à son adresse les abords de leurs poulaillers et le chassent infatigablement, quoique avec un succès variable.

Les tours de notre rusé compère sont en effet innombrables, et il réussit le plus souvent à déjouer les efforts de ses ennemis inexpérimentés. Un de ses tours les plus curieux consiste à faire le mort, lorsqu'il se voit surpris à l'improviste et que la fuite n'est plus possible. Dans ce cas, il s'étend négligemment par terre et se laisse remuer, pousser en tous sens; on peut même l'enlever par la queue, et le jeter sur son épaule, sans qu'il donne signe de vie. Enfin une occasion se présente; pour peu que son capteur détourne la tête, notre renard glisse sous un buisson et disparaît en un clin d'œil, laissant là tout penaud celui qui croyait si bien le tenir.

LE JAGUAR

Le jaguar est le tigre d'Amérique. Pour la taille, la force et la férocité, il vient immédiatement après le lion et le tigre. Sa robe est jaunâtre et tachée, au lieu d'être rayée comme celle du tigre ; ses taches ont une tout autre forme que celles qui garnissent la fourrure de la panthère et du léopard ; elles sont noires, disposées en cercle comme les pétales d'une fleur.

Le jaguar habite principalement les épaisses forêts vierges du Brésil, où il trouve à satisfaire ses appétits carnassiers sur les nombreux animaux qui partagent avec lui ces solitudes.

Il est encore plus redoutable que le tigre, car au lieu de fuir comme ce dernier devant l'homme, il l'attaque même sans provocation. En outre, il fait des bonds prodigieux et grimpe aux arbres les plus hauts avec l'agilité d'un singe.

Pendant le jour, il se tapit sous un buisson au pied d'un arbre et s'y tient immobile. Si le hasard veut qu'un chasseur le rencontre dans cet état, il doit se garder de prendre la fuite, de pousser des cris ou de faire des mouvements brusques, s'il ne veut se vouer à une mort certaine. Il faut dans ce cas qu'il se retire lentement en tenant les yeux fixés sur ceux de l'animal et qu'il s'arrête lorsque celui-ci fait mine de vouloir marcher sur lui. Si le chasseur est armé, et qu'il veuille le tirer, il faut qu'il le tue sur le coup, car il bondit alors sur son adversaire et s'acharne après lui.

Les Indiens, sauvages habitants de ces forêts, ne craignent pas d'attaquer un aussi terrible animal, sans l'aide d'un fusil.

Pour cela, le chasseur indien s'arme d'une lance longue de deux mètres : sur son bras gauche il place une peau de mouton garnie de son épaisse toison, et il s'avance hardiment dans le buisson où il sait que le jaguar est tapi. A l'instant où le monstre se dresse sur ses pieds de derrière pour s'élancer, l'intrépide chasseur le

perce de sa lance. S'il manque son coup, il abandonne à l'animal sa peau de mouton, et pendant que celui-ci s'acharne dessus, il reçoit un second coup de lance qui l'étend mort.

Les Espagnols de l'Amérique du Sud chassent le jaguar au moyen du *lasso*.

Le lasso est une corde de cuir tressé dans sa fraîcheur, longue de six à neuf mètres, très-flexible, avec un nœud coulant à son extrémité.

Le chasseur, monté sur un excellent cheval habitué à affronter ces terribles animaux, poursuit le jaguar au triple galop. Il tient d'une main son lasso, qu'il fait tourner au-dessus de sa tête, le lance autour du cou de l'animal féroce avec une adresse qui ne manque jamais son coup, et continue à galoper en le traînant après lui jusqu'à ce que le jaguar expire étranglé.

Il existe encore dans les mêmes pays une petite espèce de jaguar appelé le chati, qui n'est guère plus gros qu'un chat et qui peut s'apprivoiser et rendre les mêmes services que cet animal domestique.

LA LOUTRE

La loutre est un animal essentiellement organisé pour la vie aquatique. Sa tête ronde, son corps allongé, ses pieds palmés comme ceux du canard lui permettent de nager dans l'eau avec l'agilité d'un poisson.

Ce bel animal passe du reste sa vie dans l'eau et il ne se nourrit que de poisson. On le trouve dans tous les lacs et cours d'eau du monde aussi bien en Amérique que sur l'ancien continent.

Cependant dans nos pays, la loutre est devenue très-rare; dans beaucoup d'endroits, non-seulement on s'est appliqué à la faire disparaître parce qu'elle exterminait le poisson et détruisait les filets des pêcheurs, mais on lui a en outre de tout temps fait une chasse active pour avoir sa fourrure, qui est très-belle et fort estimée dans le commerce.

Avec cette fourrure soyeuse, d'un ton doré, on fait des manchons et des garnitures de vêtements pour les dames, et on en garnit mille petits objets, tels que sacs, bourses, etc.

Les fourrures des loutres du Nord, appelées aussi loutres marines, sont très-recherchées et se vendent fort cher. Une peau de loutre de cette espèce se paye jusqu'à 1500 francs, ce qui est beaucoup si l'on pense que cet animal n'a jamais guère plus d'un demi-mètre de longueur, la taille d'un petit chien. Les Chinois recherchent beaucoup ses fourrures pour orner leurs vêtements.

Lorsque la loutre est prise jeune, elle s'apprivoise facilement. On peut même alors dresser cet intelligent animal à pêcher pour le compte de son maître. Elle plonge dans l'eau, poursuit quelque gros poisson et le rapporte fidèlement; seulement, il faut avoir soin dans ce cas de la récompenser et, lorsqu'elle a ainsi capturé plusieurs poissons, de lui en abandonner un pour elle.

LE CHAMEAU DE LA BACTRIANE

Le chameau que représente notre gravure diffère du chameau dromadaire qui a déjà figuré dans notre Jardin des Plantes, parce que son dos est garni de deux bosses au lieu d'une.

Pour le distinguer du chameau dromadaire, on lui donne le nom de chameau de la Bactriane, pays dont il est originaire. Cependant bien des gens le considèrent comme le type par excellence de cette race d'animaux, et prétendent qu'il est le vrai chameau. Je vous ai déjà dit que c'est là une erreur.

En effet, tandis que le dromadaire est répandu sur le nord de l'Afrique et dans l'Asie entière, le chameau à une seule bosse n'est qu'une variété, une espèce assez rare, que l'on ne rencontre que dans quelques cantons de l'Asie centrale.

Aussi, quand dans un livre de voyage ou d'histoire naturelle, vous entendez vanter les qualités du chameau, rappelez-vous que c'est du chameau à une seule bosse ou dromadaire que l'on veut parler, et non pas de son congénère de la Bactriane.

Ce dernier ne mérite pas, en effet, tous les éloges que l'on décerne à son espèce en général. Il est moins actif, plus lourd, et ne sait pas aussi bien résister au manque d'eau et de nourriture. Il n'est bon non plus qu'à porter de lourds fardeaux, et il ne saurait pas, comme le dromadaire, emporter sur son dos un cavalier avec une rapidité égale à celle du cheval. En outre, il a été fait pour vivre dans des climats différents : il est fait plutôt pour des pays tempérés et même froids que pour des déserts brûlants, car son corps est couvert d'une laine très-épaisse.

Les Persans, qui possèdent beaucoup de ces chameaux à deux bosses, ont imaginé de les employer au transport d'une artillerie spéciale. Ils placent sur la bosse du devant un léger canon monté sur pivot, et l'artilleur s'assoit sur la bosse de derrière. Le chameau ainsi harnaché tient lieu à lui seul de tout un train d'artillerie, puisqu'il emporte à la fois le canon, les caissons et les artilleurs.

Quoique le chameau de la Bactriane ne vaille pas le dromadaire, c'est, en somme, un animal utile et un précieux auxiliaire que Dieu a donné aux pauvres habitants des stériles plaines de l'Asie centrale, tour à tour brûlées par un soleil de feu et glacées par les vents du nord.

PARIS. — IMPRIMERIE DE E. MARTINET, RUE MIGNON, 2

LIBRAIRIE HACHETTE ET CIE

BOULEVARD SAINT GERMAIN, N°. 79 PARIS.

MAGASIN DES PETITS ENFANTS

Nouvelle collection de contes avec un texte imprimé en gros caractères et de nombreuses illustrations en chromolithographie.

PREMIÈRE SÉRIE.

Format Petit in-4°, a 2 fr.

LES TROIS OURS	LE PRINCE GRENOUILLE
LE PETIT CHAPERON ROUGE	LES ENFANTS DANS LA FORÊT
LE CHIEN DU MONT SAINT-BERNARD	LES HEURES DE RÉCRÉATION
LE CHAT BOTTÉ	LA CHATTE BLANCHE
LES ANIMAUX DE LA FERME	LE JOUR DE MA FÊTE
HISTOIRE D'UNE POUPÉE	UNE VISITE À LA FERME
FRIQUET L'ÉCUREUIL	UN DINER DANS LE MONDE DES CHIENS
LES AVENTURES D'UNE CHATTE BLANCHE	LE JARDIN DES PLANTES (4 Séries)
JACQUES ET SES TROIS VOYAGES MERVEILLEUX	LA PETITE MÉNAGERIE
LES FÉES	LA BELLE AU BOIS DORMANT
HISTOIRE DE TOM POUCE	MONSIEUR BÉBÉ
LA BELLE AUX CHEVEUX D'OR	L'OURS MARTIN
LES BONS PARENTS	L'AGNEAU DE MARGUERITE
LES VACANCES DE GUILLAUME	L'AMI TOC
LA BELLE ET LA BÊTE	JEAN ET JEANNETTE

DEUXIEME SÉRIE.

Format in-8°, a 1 fr.

JACQUES LE BAVARD	LE PETIT CHAPERON ROUGE
FIDÈLE LE BON CHIEN	LE PETIT POUCET
LE PRINCE AU LONG NEZ	ALI-BABA
UN THÉ DANS LE MONDE DES CHATS	LA BARBE BLEUE
LA BELLE ET LA BETE	ALADDIN OU LA LAMPE MERVEILLEUSE
LA BELLE AUX BOIS DORMANT	MA MÈRE
LE THÉÂTRE DE GUIGNOL	LE CHAT BOTTÉ
LE BAL COSTUMÉ	TOM-POUCE
UNE FÊTE D'ENFANTS	LA CHATTE BLANCHE
JACQUES LE TUEUR DE GÉANTS	LA BELLE AUX CHEVEUX D'OR
CENDRILLON	ANIMAUX SAUVAGES
L'OISEAU BLEU	ANIMAUX DOMESTIQUES
JEANNE LA DÉSOBÉISSANTE	LE CHIEN DE DAME GRÉGOIRE

TROISIÈME SÉRIE.

Format Petit in-4°, a 2 fr.—Albums à Decoupures.

NOTRE MAISON	LES FÊTES DE L'ENFANCE	LES METIERS
LES PREMIERS JEUX	LA TOILETTE DE LA POUPÉE	LE CHEVAL
	EN VACANCES	

QUATRIÈME SÉRIE.

Format Petit in-8°, a 50 c.

CENDRILLON	LE PETIT CHAPERON ROUGE	LA PETITE POUCETTE
DAME TROTTE ET SA CHATTE	LA VIELLE FEMME ET SON PORCEAU	LES TROIS PETITS POURCEAUX

www.ingramcontent.com/pod-product-compliance
Lightning Source LLC
LaVergne TN
LVHW010212070726
842528LV00014B/1107